中国精致建筑100

筑境

筑境

中国精致建筑100

广州光孝寺

程建军 撰文摄影

中国建筑工业出版社

出版说明

　　中国是一个地大物博、历史悠久的文明古国。自历史的脚步迈入新世纪大门以来，她越来越成为世人瞩目的焦点，正不断向世人绽放她历史上曾具有的魅力和光辉异彩。当代中国的经济腾飞、古代中国的文化瑰宝，都已成了世人热衷研究和深入了解的课题。

　　作为国家级科技出版单位——中国建筑工业出版社60年来始终以弘扬和传承中华民族优秀的建筑文化，推动和传播中国建筑技术进步与发展，向世界介绍和展示中国从古至今的建设成就为己任，并用行动践行着"弘扬中华文化，增强中华文化国际影响力"的使命。从20世纪80年代开始，中国建筑工业出版社就非常重视与海内外同仁进行建筑文化交流与合作，并策划、组织编撰、出版了一系列反映我中华传统建筑风貌的学术画册和学术著作，并在海内外产生了重大影响。

　　"中国精致建筑100"是中国建筑工业出版社与台湾锦绣出版事业股份有限公司策划，由中国建筑工业出版社组织国内百余位专家学者和摄影专家不惮繁杂，对遍布全国有历史意义的、有代表性的传统建筑进行认真考察和潜心研究，并按建筑思想、建筑元素、宫殿建筑、礼制建筑、宗教建筑、古城镇、古村落、民居建筑、陵墓建筑、园林建筑、书院与会馆等建筑专题与类别，历经数年系统科学地梳理、编撰而成。本套图书按专题分册，就其历史背景、建筑风格、建筑特征、建筑文化，结合精美图照和线图撰写。全套100册、文约200万字、图照6000余幅。

　　这套图书内容精练、文字通俗、图文并茂、设计考究，是适合海内外读者轻松阅读、便于携带的专业与文化并蓄的普及性读物。目的是让更多的热爱中华文化的人，更全面地欣赏和认识中国传统建筑特有的丰姿、独特的设计手法、精湛的建造技艺，及其绝妙的细部处理，并为世界建筑界记录下可资回味的建筑文化遗产，为海内外读者打开一扇建筑知识和艺术的大门。

　　这套图书将以中、英文两种文版推出，可供广大中外古建筑之研究者、爱好者、旅游者阅读和珍藏。

目录

广州光孝寺

光孝禅寺（全称"报恩光孝禅寺"，俗称"光孝寺"）位于中国历史文化名城广州，是广州古代五大丛林中规模最大、历史最为悠久的佛教寺院。

鉴于光孝禅寺的历史文化价值和文物价值，国务院早在1961年就将其列入第一批全国重点文物保护单位。政府曾多次拨款修复，使其多处重要文物古迹得以较好地保存至今。现存光孝禅寺占地31000多平方米，坐北朝南。其中大多古迹沿南北中轴线布置。整体布局仍保持着唐宋寺庙廊院式布局的特色。寺内空间恢宏，殿宇栉比，古木婆娑，环境幽雅。虽千年已逝，光孝寺仍傲倨岭南古刹之首，其殊胜因缘，名胜古迹，早为教内外人士所赞赏；其妙相庄严，文物荟萃，无不为中外人士所瞻仰。

一、未有羊城 先有光孝

广州光孝寺

未有羊城 先有光孝

筑境 中国精致建筑100

图1-1 明嘉靖广州图《广东通志》

光孝禅寺，全称为"报恩光孝禅寺"，俗称光孝寺。位于广州
市西门内光孝路北端，是广州古代五大丛林中规模最大，历史
最为悠久的佛教寺院。

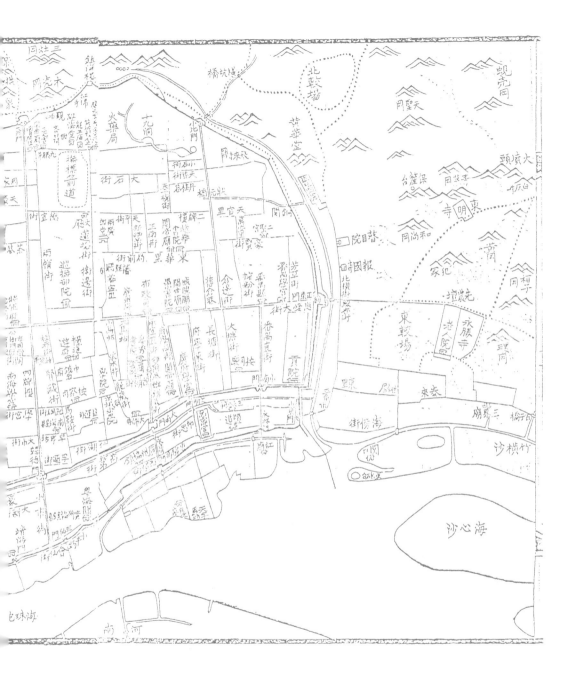

未有羊城 先有光孝

筑境 中国精致建筑100

图1-2 传授戒法

传授戒法是佛教绍隆佛种，续佛慧命的一件大事，早在南朝刘宋永初时期，印度高僧求那跋陀罗航海至此，见此地殊胜，遂在寺内创建戒坛，传授戒法。古刹千年，沧桑几度，1997年光孝寺恢复了传授三坛大戒及二部僧戒的活动。

广州是座著名的历史文化名城，历史上有"三朝十帝"的地方封建政权建都于此。秦汉时期，南越王赵佗在广州立南越国，建番禺城。唐宋明清均有扩建，城内遍布古代建筑遗址。就宗教建筑来说，首屈一指的当属光孝禅寺。

光孝禅寺，全称为"报恩光孝禅寺"，俗称光孝寺。位于广州市西门内光孝路北端，是广州古代五大丛林中规模最大，历史最为悠久的佛教寺院。据顾光《光孝寺志》记载，寺址初为西汉第五代南越王赵建德故宅。三国吴大帝年间（222—252年），吴国骑都尉虞翻因得罪孙权而谪徙广州，居此聚徒讲学，生徒达数百人之众，遂辟为苑舍。园中多植苹婆、诃子成林，时人称为"虞苑"，又称"诃林"。虞翻殁后，家人返吴，遂舍宅为寺，名"制止寺"。所以光孝寺历史之悠久足可媲美于番禺城，故在广州"未有羊城，先有光孝"早成口碑。

广州自晋至唐城市日益繁荣，目前发现的晋

图1-3 明代"诃林"牌匾/上图

明万历翰林高明区所书。据顾光《光孝寺志》记载，寺址初为西汉第五代南越王赵建德故宅。三国吴大帝年间（222—252年），吴国骑都尉虞翻因得罪孙权而谪徙广州，居此聚徒讲学，生徒达数百人之众，遂辟为苑舍。园中多植苹婆、诃子成林，时人称为"虞苑"，又称"诃林"。

图1-4 光孝寺匾/下图

1959年中国佛教协会赵朴初会长题

墓砖文字称："永嘉世，天下荒，余广州，皆平康。"寺观的建设也兴盛起来，尤其是在城西建有多座寺庙。如太康二年（281年）建有王仁寺，成化《广州府志》称："护国王仁禅寺，在郡西濠街，晋太康二年梵僧迦摩罗尊者自西竺来始建"。有人认为其可能是由海路入中国最早僧人。

自东晋以迄唐代，印度来华僧人在寺中说法者甚众。东晋安帝隆安元年（397年），最早到广州的罽宾国（今克什米尔）僧人昙摩耶舍（即三藏法师）在广州传教，改虞翻宅扩建，在此建大雄宝殿等主体建筑，改寺名为"王苑朝延寺"，又称"王园寺"。南朝时，

图1-5 菩提达摩像

梁武帝普通七年（526年），东土禅宗初祖菩提达摩从西竺国"泛重溟，三周寒暑至此建寺"，即现今的广州长寿路华林寺，广州人称寺地为"西来初地"，他把禅宗的衣钵带到中国，后至光孝寺开讲传教。

宋武帝永初元年（420年）印度僧人求那跋陀罗到寺中创建戒坛，称"制止道场"。梁武帝天监元年（502年），智药三藏从印度携来菩提树种植在戒坛前，至此时大型佛寺轨制渐全。梁武帝普通七年（526年），东土禅宗初祖菩提达摩从西竺国"泛重溟，三周寒暑至此建寺"，即现今的广州长寿路华林寺，广州人称寺地为"西来初地"，他把禅宗的衣钵带到中国，后至光孝寺开讲传教，最后至河南嵩山少林寺传教。唐贞观十九年（645年）光孝寺改为"乾明法性寺"。唐仪凤元年（676年），禅宗六祖慧能驻锡光孝寺，开创佛教南禅宗。会昌五年（845年）易名为"西云道宫"。

南汉（917—971年）刘氏大兴土木，离宫别馆数百，楼台池苑遍布。此时光孝寺改为乾亨寺，相传当时寺后园即为刘䶮避暑之所。据清凉道人《听雨轩笔记》载："寺后有园一区，树石亭台，回廊曲沼，颇饶幽趣，相传为南汉主刘䶮避暑之所。寺僧历来修葺之，故虽已数百年，尚未颓废。"今天仍可见寺庙园林之韵味。

光孝寺入宋为"乾明禅院"（962年）、再改"崇宁万寿禅寺"（1103年）、"天宁万寿禅寺"（1111年）等。南宋绍兴七年（1137年），宋高宗发布诏令改寺名为"报恩广孝禅寺"，绍兴二十一年（1151年）易"广"为"光"，从此光孝禅寺名沿用至今。历经晋唐南汉，宋代的光孝寺规模扩展，早已成为名胜之地，为游人的好去处，"光孝菩提"遂成为宋代羊城八景之一。

未有羊城 先有光孝

◎筑境 中国精致建筑100

光孝寺的菩提树是继诃林之后才种植的，在502年由印度僧人智乐三藏泛海带来植于戒坛畔，以后繁殖开来，远传至肇庆、德庆等地。光孝菩提出名，是和宗教活动有关，即禅宗六祖慧能在此菩提树下削发，开东山法门，故游人多重菩提轻诃子。其次，菩提树叶浸水后，叶质腐烂，只剩细脉如纱，叶端滴水尖保存独善，其可作为灯纱、书字画的工艺品，而他寺菩提却皆产不成。原菩提树于1798年台风吹倒枯死，今六祖殿前菩提树是由韶关南华寺取回孙枝再植。诃子树是热带果木，诃林到明朝还保存50—60株，清初已绝。今大雄宝殿后一棵诃子树是清中叶后再植的。

图1-6 诃子树
诃子树是热代果木，柯林到明朝还保存50—60株，清初已绝。今大雄宝殿后一棵诃子树是清中叶后再植的。

二、风幡非动 仁者心动

在唐代中叶，中国佛教出现了禅宗这一新的教派。"禅"是从印度的"禅那"音译而来，意译是"思维修"或"静虑"，他是禅宗的独特修行方法，其在本质上反对传统的参禅打坐和习经，认为"若识本性，即是解脱"、"直指人心，见性成佛"，主张修行既不需要控制自我官能（根），也不必改变对外界（尘）的观念，更不必选择特定的道场，在日常生活之中，以平常人的心识，即可得道成佛。所以说禅宗是以心性修行，调整内心世界为主的独特的思维方式。

据禅宗的说法，当初释迦牟尼创立佛教的时候，除了说"教"之外，还有一种"教外别传"的"心法"传授，前者为"教门"，后者为"宗门"。这种"密意"或"心法"在印度经过二十七代的传授，到梁武帝的时候，由达摩传到中国，而达摩由此成为东土禅宗初祖。禅宗五祖弘忍定居于湖北黄梅双峰山传教，至弘忍传衣钵时，出题让众僧人作偈，以选择继承衣钵者。大弟子神秀作偈曰："身是菩提树，心是明镜台，时时勤拂拭，莫使有尘埃。"出身卑微的碓米僧慧能则做偈曰："菩提本无树，明镜亦非台，本来无一物，何处惹尘埃。"此四句偈语深悟禅机，胜过师兄神秀，弘忍密授袈裟给慧能。慧能从而得禅宗衣钵，成为东土禅宗六祖。

神秀和慧能的这两个偈，是禅宗中的重要文件，其内容是相互对立的。神秀所说的是原来的佛学，一棵菩提树，一个明镜台，表明他

图2-1　慧能论风幡图

唐仪凤元年（676年），慧能隐居十多年后至
光孝寺混在人群中听印宗法师讲《涅槃经》，
恰巧风吹幡动，坐中一僧说是幡动而非风动，
另一僧争辩说是风动而非幡动，众僧争议不
下。慧能插话说："风幡非动，仁者心动!"
一语妙演禅机，震惊满堂。风幡之论亦成为中
国佛教史中的著名案例。

所说的心是个体的心。他认为对于这个心，要"时时勤拂拭，莫使惹尘埃"。他把尘埃和菩提树、明镜台对立起来，不知道尘埃就是菩提树、明镜台，万法万境就是自本性。慧能否定了神秀的偈，提出了"本来无一物"，即否定了神秀个体的心的说法。但弘忍说：慧能的偈"亦未见性"，因为他把自本性和尘埃都讲空了，也没见到自本性的本来的样子。所谓本性就是宇宙的心，本性或本心，对每一个人都是本来就有的，所以又称自本性。慧能在其代表著作《坛经》中对其有了深刻的感悟，他强调众生"本性自有般若之智，自用智慧观照"，又强调"一切万法尽在自身心中，何不从于自心顿现真如本性"，这成为南禅宗门的理论纲领。

图2-2 六祖慧能像

慧能姓卢，出生在广东新洲（今新兴县），其父本是北方的一个官僚，后来被贬到广东。他幼年以卖柴为生，后前往湖北黄梅随五祖弘忍习禅。后弘忍传授衣钵给慧能，慧能成为禅宗六祖。

图2-3 佛事活动

"弘法为家务，利生为事业"，光孝寺自1986
年恢复了丛林制度。寺院僧众自觉遵守丛林戒
轨仪律，除日常早晚课诵外，还举行各种普利
法会。

据《坛经·自序品》载：慧能姓卢，出生在广东新洲（今新兴县），其父本是北方的一个官僚，后来被贬到广东。他幼年以卖柴为生，后前往湖北黄梅随五祖弘忍习禅。弘忍传授衣钵给慧能时，告诉他立即离开寺院，恐怕有人争夺衣钵而加害于他。慧能遂连夜南逃，两月后到大庾岭，并在岭南隐居十六年。唐仪凤元年（676年），慧能隐居十多年后至光孝寺混在人群中听印宗法师讲《涅槃经》，恰巧风吹幡动，坐中一僧说是幡动而非风动，另一僧争辩说是风动而非幡动，众僧争议不下。慧能插话说："风幡非动，仁者心动！"一语妙演禅机，震惊满堂，连正在讲经的印宗法师都为之折服。此后，主持印宗亲自为他在菩提树下削发，后人募资建六祖瘗发塔和风幡堂以资纪念。风幡之论是说：风是动的，幡也是动的，但平常人不了解动的真相，所以以不知道风、幡都是动而常静，所以说"仁者心动"，其道理是很深奥的。风幡之论亦成为中国佛教史中的著名案例。

三、光孝和尚　跑马烧香

广州民间流传的一句话说："光孝和尚，跑马烧香"，形容古昔之光孝寺占地广阔，规模宏大。据清乾隆顾光《光孝寺志》载："按旧志光孝界址全图，南至光孝街，北至左所城脚，东至官塘巷，西至左城脚，坐落广州老城内西北隅，方圆几及三里，界亦宽广矣。"可见清代以前光孝寺占地规模颇大。入清后，"截其前后，以驻军师，今大门外以及大殿后，皆属驻防旗舍，与旧图大不侔矣"（《光孝寺志》），可知清代以后寺庙范围大为缩小。

据《光孝寺志》载，古时该寺有十三殿、六堂、三阁、二楼及僧舍坛台，号称"十房四院"。其规模宏大，妙相庄严，位岭南佛教丛林之冠。据旧志全图，光孝寺中轴线有大门、南廊、天王殿、圣殿、西竺殿、敕经楼和北廊。东部有禅堂、风幡堂、钟楼、伽蓝殿、东廊、发塔、六祖殿、戒坛和东铁塔、洗钵泉等。西部有延寿庵、鼓楼、五祖殿、西廊、净社、法华堂、廨院和西铁塔、大悲幢等。据今志全图所载建筑略有变化：沿中轴线有大门、南廊、天王殿、祝圣殿和石塔等，大殿后部已为旗兵营房。东部有客堂、东廊、禅堂、

图3-1 《光孝寺志》载旧志全图/对面页
广州民间流传的一句话说："光孝和尚，跑马烧香"，形容古昔之光孝寺占地广阔，规模宏大。

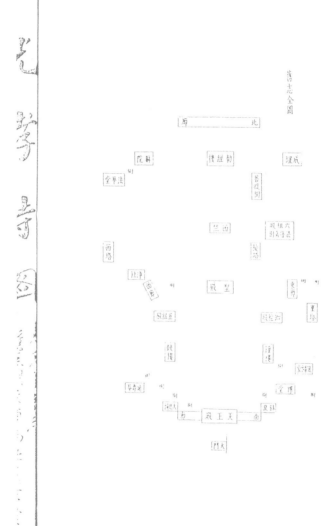

广州 光孝 寺

光孝和尚　跑马烧香

筑境　中国精致建筑100

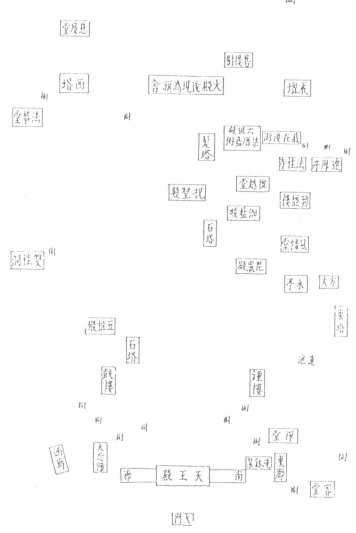

图3-2 《光孝寺志》载新志全图

据《光孝寺志》载古时该寺有十三殿、六堂、三
阁、二楼及僧舍坛台，号称"十房四院"。其规
模宏大，妙相庄严，位岭南佛教丛林之冠。

图3-3 山门/上图

1990年重建,面阔三间,进深二间分心槽形式。次间塑两金刚力士,威猛石狮分列左右,更使寺庙显得庄严肃穆。

图3-4 山门梁架/下图

前后三步梁六架椽构架形式,全部结构采用坤甸木制作。

钟楼、方丈、毗卢殿、风幡堂、伽蓝殿、敕经楼、檀越堂、瘗发塔、法性寺、六祖殿、戒坛和东铁塔、莲池、水亭、洗钵泉等。西部有西廊、鼓楼、五祖殿、法华堂、慈度堂和西铁塔、大悲幢、双桂洞等。清代截其前后驻军，部分建筑被分隔废圮。清末以来因年久失修，多方侵占和其他原因，占地面积已大为缩减，寺内建筑也多毁废，文物经典也多有残缺散失。

鉴于光孝寺的历史文化价值和文物价值，国务院于1961年3月4日将光孝寺列入第一批全国重点文物保护单位。政府曾多次拨款重修，终使大雄宝殿、六祖殿、伽蓝殿、瘗发塔、铁塔、大悲幢等几处重要文物古迹得以较好的保存至今。现存光孝寺占地31000多平方米，坐北向南。沿南北中轴线布置有山门、南廊、天

图3-5 山门立面图
用梭柱形式，檐柱有生起，屋顶平缓斗栱雄大，岭南宋代厅堂建筑风格。

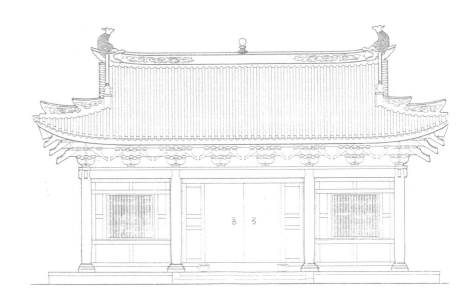

图3-6 天王殿
岭南清代厅堂建筑风格，内供弥勒佛
和四大金刚。

图3-7 天王殿四大金刚塑像

图3-8 钟楼/后页
1988年按唐宋代岭南建筑风格重
建。光孝寺钟楼建于明天顺三年
（1459年），后屡遭破坏，明天顺
五年（1461年）铸一大洪钟，现仍
保存。

光孝和尚　跑马烧香

◎筑境　中国精致建筑一〇〇

图3-9 鼓楼/上图

1988年按唐宋代岭南建筑风格重建。光孝寺鼓楼始建于宋朝。

图3-10 卧佛殿/下图

1987年建，木构架形式，唐宋建筑风格。

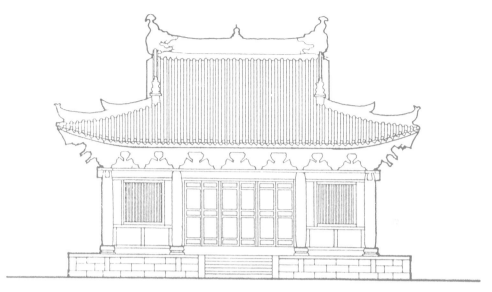

图3-11 卧佛殿立面图

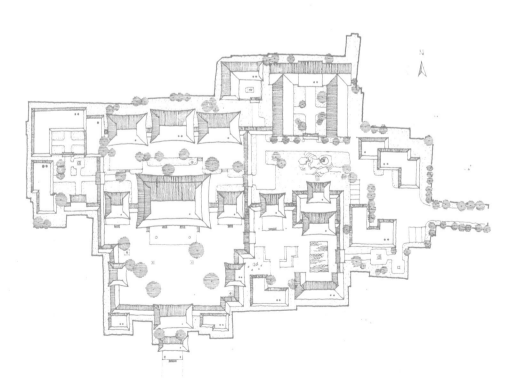

图3-12 光孝寺规划方案

王殿、大雄宝殿、六祖堂；东侧有钟楼、伽蓝殿、客堂、睡佛阁、法堂、斋堂、东廊和洗砚池、洗钵泉、东铁塔、莲花池；西侧有鼓楼、卧佛殿、大悲幢、西廊、西铁塔及碑碣石刻等（其中山门、钟鼓楼、回廊、卧佛殿和客堂为1987年以后复原重建）。从整体布局上仍保持着唐宋寺庙廊院式布局的特色。寺内空间恢宏，殿宇栉比，古木婆娑，环境幽雅，虽千年已逝但该寺仍不愧为出家人静修福地和游人的好去处。

1986年，由政府部门批准重修光孝寺，千年古刹又逢甘露。这次重修规划以文物古迹保护和弘扬禅宗文化的指导思想并举，考虑到历史建置、建筑风格、宗教仪轨以及远期规划等诸因素，将规划功能分为佛事及游览活动区，佛教文化交流活动区和内部使用管理区。主体部分形成前后三进院落，两侧建筑连以东西廊庑，起着分划和联系前后左右空间的作用。东

图3-13 光孝寺庭院
光孝寺内空间恢宏，殿宇栉比，古木婆娑，环境幽雅。

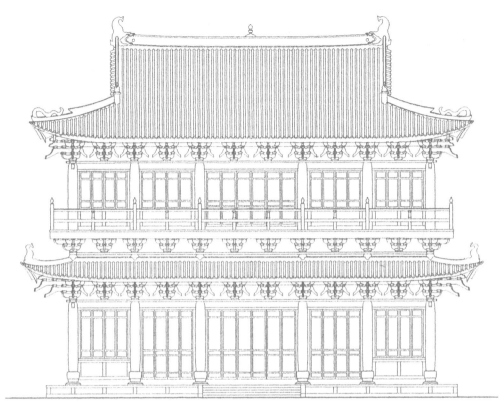

图3-14 藏经楼设计立面图
按修建规划在大雄宝殿后将重建藏经楼，
楼阁两层，底层为法堂，二层为藏经。

西廊庑设门旁同东西两院，廊庑直棂窗使主次空间相互渗透，予游人以殿阁连属、院落幽深之感受。由此形成了唐宋风格的廊院式庭院和岭南古建筑特色，并借此组织交通路线和划分功能空间，有利于通风遮阳避雨，适应岭南地区的湿热气候。单体建筑空间形式和结构方式以空灵通透，古朴典雅为要旨，并尽量直接反映结构的合理逻辑和材料的机理，以表现禅宗的禅骨禅风。同时在保护好原有的古木名株外，以点、线、面相结合的手法构成富有生机的绿化系统，再现当年柯林和寺观园林的情趣，形成一个丰富多彩的寺庙空间。

广州 光孝寺

光孝和尚 跑马烧香

筑境 中国精致建筑100

四、岭表殿堂　古风犹存

随着中原晋室的永嘉之乱（316年）、唐代的安史之乱（755年）和宋代的靖康之难（1126年）等历史动荡，中国文化中心向东南迁移，中原人士大批南下，给地偏一隅的岭南带来了若干中原古代社会制度和建筑制度的影响。由于这里社会相对稳定，所以其古制得以较好地保存，这对于今天我们考察古代社会制度和建筑历史研究均具有无可估量的价值。

岭南地区开发较早，从出土文物看，汉代已有多种建筑形式和建筑技术自中原传入。从广东古建筑的大木构架形式分析，约在北宋时期，一些文化发达地区的建筑的大木构架技术已经成熟。从梁架结构上来说，形成的以北方抬梁式为主，兼有地方特色的构架体系已趋完备。在具体构造做法上，许多清代的建筑仍然保留了唐宋时期的月梁、梭柱、生起、侧脚、柱榫、剳牵等做法。光孝寺原存的几座明清时期的古建筑，就都保存了宋代的建筑制度与风格，是研究岭南古代建筑大木作做法的宝贵实例。

图4-1 大雄宝殿

光孝寺大雄宝殿始建于东晋隆安五年（401年），历代均有修葺。现存大殿是清顺治十一年（1654年）改建。殿门上方悬挂明宪宗敕赐的"光孝寺"匾额。

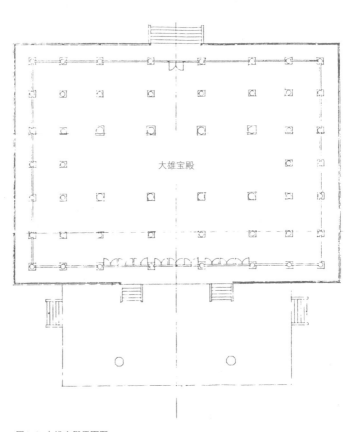

大雄宝殿

图4-2 大雄宝殿平面图

面阔七间36米，进深六间25米。

今以大雄宝殿为例，谈谈光孝寺建筑的风格。按《光孝寺志》所载：

图4-3 大雄宝殿内佛造像
殿正中坐毗卢舍那佛和文殊、普贤菩萨金装佛身，又称华严三圣，毗卢舍那佛两侧立阿难、迦叶二尊者，此为1989年用青铜铸造，外贴金箔，妙相庄严。

大雄宝殿始建于东晋隆安元年至五年（397—401年），为罽宾国昙摩耶舍尊者始建。

宋政和七年（1117年），重修。

宋绍熙年间（1190—1194年），复修。

宋咸淳五年（1269年），重修大殿并装佛像。

元大德八年（1304年），复修。

明永乐十四年（1416年），修大殿，彩饰佛像。

明弘治七年（1494年），重修大殿四周椽桷。

明嘉靖二十九年（1550年），重修大殿，彩饰佛像。

明崇祯十年（1637年），修饰大殿，金装大佛。

清顺治十一年（1654年），重修，改大殿为七间（原面阔五间），额曰"祝圣殿"。

清雍正七年（1729年），重装大殿，弥陀佛金身一尊。

清乾隆五年（1740年），修月台。

岭表殿堂 古风犹存

广州光孝寺

筑境 中国精致建筑100

图4-4 华严三圣佛像屏风墙后/前页
原有地藏十王像，现改为观音站立千手千眼观音像。

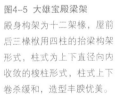

图4-5 大雄宝殿梁架
殿身构架为十二架椽，屋前后三椽栿用四柱的抬梁构架形式，柱式为上下直径向内收敛的梭柱形式，柱式上下卷杀缓和，造型丰腴优美。

现存大殿是清顺治十一年（1654年）重修遗构。大殿重檐歇山顶，坐落在高达1.4米的石台基上，高12.64米。下面分从几个方面谈谈其形制与风格。

1.平面

大殿东西面阔七间，南北进深六间。柱网整齐，分内外槽。外檐柱26根，内檐柱18根，金柱8根。内槽三间后金柱前有石雕佛座，上坐毗卢舍那佛和文殊、普贤菩萨金装佛身，毗卢舍那佛两侧立阿难、迦叶二弟子。佛像屏风墙后，原有地藏十王像，现改为观音站立千手千眼观音像。在东西两梢间，原有十八罗汉像。

图4-6 大雄宝殿剖面图

大殿东西宽35.47米，南北深24.59米，平面宽深比为1.44，接近2的比例。心间为整20尺，大于梢间5尺，梢间又大于尽间3尺，余则有半尺尾数，此是唐代建筑设计之古制（按营造尺为唐大尺1尺=31.45厘米计）。金柱前后跨距达8米，使内槽空间十分宽大。

2.梁架

殿身构架为十二架椽屋前后三椽栿用四柱的抬梁构架形式，室内不施天花，为宋《营造法式》所谓"彻上明造"之制，有利于通风散湿，是适应岭南湿热气候的较佳形式。梁式虽为直梁形式，但梁端入柱处略作卷杀，梁之腹部亦凸出，刚柔相济，制式优美，略有月梁韵味。大梁断面高宽比为1.6：1，接近宋代1.5：1的最佳受力断面比例。

图4-7 大雄宝殿屋顶平缓
大殿殿身前后撩檐枋心水平距离长为19.12米，撩檐枋上皮至脊槫上皮垂直举高为5.24米，举高比为1：3.64，介于宋《营造法式》的殿堂和厅堂举折坡度之间，即比宋代规定的殿堂建筑屋顶坡度略微平缓，而殿身四周的副阶举折为1：6，坡度甚为平缓。屋顶正脊由中间向两端逐渐升起，整个屋顶颇有唐宋之风。

柱式为上下直径向内收敛的梭柱形式，柱式上下卷杀缓和，造型丰腴优美，柱细高比为1：5.76，远大于唐宋1：7.9的比值，颇具汉魏之风。

3.屋顶举折

中国古代建筑屋顶的凹曲面是中国建筑的一大特色，其与飞檐翼角配合，使本应很沉重的屋顶变得轻巧飘逸起来，这种特殊的做法宋代叫作举折，清代叫举架。大殿殿身前后撩檐枋心水平距离长为19.12米，撩檐枋上皮至脊槫（清式称脊桁）上皮垂直举高为5.24米，举高比为1：3.64，介于宋《营造法式》的殿堂和厅堂举折坡度之间，即比宋代规定的殿堂建筑屋顶坡度略微平缓，而殿身四周的副阶举折为1：6，坡度甚为平缓。屋顶正脊由中间向两端逐渐升起，整个屋顶颇有唐宋之风。

图4-8 大雄宝殿外檐斗栱/上图

大殿用斗栱心间、次间各二铺作，梢间、尽
间各一铺作，与宋《营造法式》用斗栱制度
相吻合。

图4-9 大雄宝殿转角铺作/下图

4.斗栱铺作

大殿用斗栱心间、次间各两铺作，梢间、尽间各一铺作，与宋《营造法式》的斗栱制度相吻合。斗栱有柱头铺作、补间铺作和转角铺作三种，均为单杪双下昂六铺作斗栱形式。用材断面高20.5厘米，厚12厘米，相当于宋《营造法式》八等材中的第五等材尺寸。栱高与檐柱高之比为1∶2.83，较唐之1∶3的比例还小，颇有汉晋之风。斗栱出跳与檐高之比为1∶3.2，与唐宋之比1∶3相近。用栱长度与宋式略有差异。

其斗栱之形式有两特异之处：一是正心慢栱栱头不到正常位置，却于端部出一下昂。这种沿柱头枋方向出昂的斗栱形式在国内仅发现三例，另外两处是广东佛山祖庙大殿和陕西韩城司马迁祠寝殿，前者是明代建筑，是仿光孝寺六祖殿而成，而司马迁祠创建于西晋永嘉三年（309年），与光孝寺大殿创建约略同时，宋宣和七年（1125年）重修，大木构架手法古朴，似为宋代遗制。至于其与光孝寺这种斗栱有何联系，尚需进一步探索。二是使用假昂，其在《营造法式》中称为插昂，插昂仅在栱枋头上出跳，与栱成斜交状，无昂尾。在北方大木构架建筑中，插昂有使用但不多见。但在岭南寺庙木构建筑中，用假昂是相当普遍的，而且用昂长度大大超过《营造法式》所规定的长不过一跳的制度，予人以檐牙高啄之感。

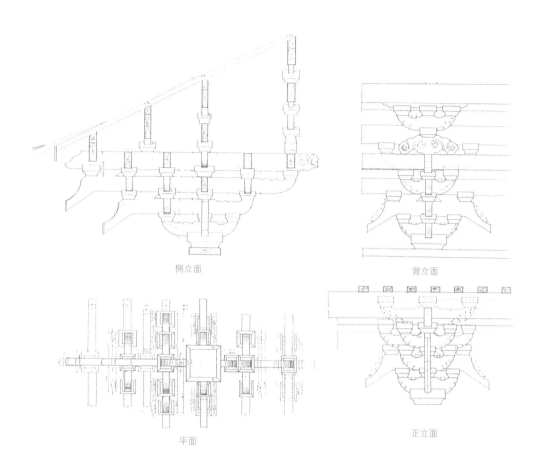

侧立面

背立面

平面

正立面

图4-10 大雄宝殿补间铺作

大殿斗栱特殊，其正心慢栱栱头不到正常位置，却于端部出一下昂，暂称侧昂。这种沿柱头枋方向出昂的斗栱形式在国内仅发现三例，另外两处是广东佛山祖庙大殿和陕西韩城司马迁祠寝殿，前者是明代建筑，是仿光孝寺六祖殿而成，而司马迁祠创建于西晋永嘉三年（309年），与光孝寺大殿创建约略同时，宋宣和七年（1125年）重修，大木构架手法古朴，似为宋代遗制。至于其与光孝寺这种斗栱有何联系，尚需进一步探索。

图4-11 大雄宝殿正立面图

大殿立面外观为重檐歇山顶殿堂建筑形式。平阔低矮的月台使大殿予人以庄严稳重之感。在广廷古榕的衬托下，更显其雄阔壮观及于佛寺中至尊之地位。屋脊线从中间向两端缓缓生起，配上优美的屋顶弧面和翼角檐口曲线及屋脊上的各种脊饰，又给大殿平添了几分活泼优雅的气氛。

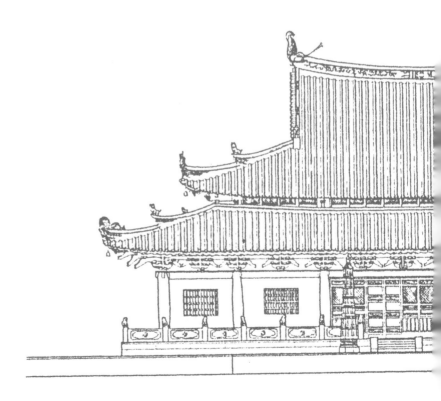

5. 立面

大殿立面外观为重檐歇山顶殿堂建筑形式。檐柱较为低矮（平柱高仅3.1米），下檐斗栱雄大，檐出达2.52米，较为深远。上檐仅用一跳插栱出跳，出檐较小，使上下屋顶距离较为接近。加上屋顶坡度平缓，下又以平阔低矮的月台承托，使大殿予人以庄严稳重之感。在广庭古榕的衬托下，更显其雄阔壮观及于佛寺中至尊之地位。正立面在檐柱间全部开有门窗，斗栱间无栱垫板，使其稳重之中又不乏岭南古建筑空间通透之特色。屋脊线从中间向两端缓缓生起，配上优美的屋顶弧面和翼角檐口曲线及屋脊上的各种脊饰，又给大殿平添了几分活泼优雅的气氛。使外观整体风格既有北方官式建筑之稳重，又不失江南建筑之轻盈，表现出岭南殿堂建筑特有的风格魅力。

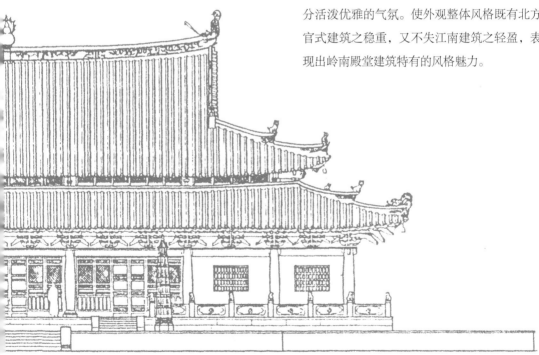

大殿左侧的伽蓝殿和后侧的六祖殿建筑风格，除用材规格和建筑规模略有差异外，其余与大殿同出一辙，高大粗壮的梭形柱、侧脚、生起、叉手、月梁，以及平缓的举折和深远的出檐，均反映出该寺殿堂建筑所蕴含的浓郁的唐宋建筑风格。

殿前宏敞的月台上，左右分立一对清代七级宝塔式石幢，高约4米。月台和大殿正中无阶级登临，均从左右阶级升堂，这种左右阶制应是周代士大夫住宅建筑主宾阶的古制。此可证明光孝寺的前身确为住宅形式，其为寺志记载寺址原为西汉时南越王赵建德故宅和三国时虞翻舍宅为寺的说法提供了有力的证据，同时也为早期住宅的左右阶制提供了实物证据。

广州光孝寺

岭表殿堂 古风犹存

筑境 中国精致建筑100

图4-12 大雄宝殿出檐
大殿下檐斗栱雄大，檐出达2.52米，较为深远。

五、龙盘将军 蚵蚌门扉

光孝寺的建筑装饰极有特色，其主要体现在屋顶脊饰、栏杆和门扉上。

大殿正脊生起的两端为吞脊鳄龙［中国古称鼍（tuó）龙］，其由鳄鱼造型转化而来，造型雄浑有力，生猛异常。两广的古建筑的脊饰常用鳄龙和鳌鱼作题材，这和地方的沿海沿河的水文化分不开。古百越之地人们赖水而生，以渔为业，给他们带来巨大利益的鱼类和对其产生威胁的鳄鱼自然成为崇拜的对象，进而转化为图腾。古越族铜器的花纹和船纹中均有鳄鱼装饰。所以东南亚地区广泛使用鳄鱼和鳌鱼作为建筑装饰。人们对龙和鱼的崇拜，最终使两者结合起来，产生了一种龙头鱼尾的装饰形象——鳄龙或鱼龙。在大殿副阶戗脊端部，则是用一蜿蜒盘曲的龙回头吞脊的装饰，有趣的是该造型与南汉铁塔檐角的装饰形式如出一辙，看来大雄宝殿虽经历代维修，却仍保持了南汉时的装饰风格。这给我们一个启发，即大殿的建筑形式较多地继承了唐宋的建筑风

图5-1 大雄宝殿翼角盘龙脊饰

在大殿副阶戗脊端部用蜿蜒盘曲回头吞脊的龙装饰，造型孔武有力。

图5-2 大雄宝殿屋顶脊饰
大殿正脊生起的两端为吞脊鳄龙，其由鳄鱼造
型转化而来，造型雄浑有力，生猛异常。

龙盘将军 蚵蚌门扉

◎筑境 中国精致建筑100

图5-3 大雄宝殿勾栏／上图
殿前及两侧的双钱纹栏板为清代遗物，但殿后的栏杆却是宋代撮项云拱单勾栏形式，在岭南地区是少见的宋式勾栏式样。

图5-4 大雄宝殿蚌壳门扉／下图
大殿门扇上下尺度均分，中为万字腰花版，上为鱼鳞波纹格子，下为左右均分的裙版，形式古典精致。令人惊奇的是鱼鳞波纹格孔是以磨平的半透明蚌壳镶嵌而成，俗称"明瓦"。既可采光又可防雨防潮，游人莫不赞叹。

格是可信的。殿身屋顶垂脊则用狮子、嫔伽、将军等饰物，脊上用人物作饰物在《营造法式》中有记载，也是古制。

大殿台基四周绕以栏杆，由于年代久远，栏杆形式已不一致。殿前及两侧的双钱纹栏板为清代遗物，但殿后的栏杆却是宋代撮项云栱单勾栏形式，在岭南地区是少见的宋式勾栏式样。

大殿上檐槛窗及下檐门扇保留较为完整，上檐槛窗绕殿身一周而设，形式为上下均有华板，中为鱼鳞波纹格子。门扇上下尺度均分，中为万字腰花版，上为鱼鳞波纹格子，下为左右均分的裙版，形式古典精致。令人惊奇的是鱼鳞波纹格孔是以磨平的半透明蚌壳镶嵌而成，俗称"明瓦"，既可采光又可防雨防潮，游人莫不赞叹，其工艺为用与鱼鳞波纹格孔相同前后两条竹爿夹住，竹爿用小钉固定。过去没有玻璃，均用此法透光，称蛎壳窗。

六祖堂木构架的大梁为月梁形式，从下向上仰视时，但见其造型丰盈浑圆，横空出世，令行内人士过足眼瘾。而其上的驼峰又雕刻飞仙造型，疑与南汉铁塔上飞仙装饰有渊源关系，又与福建泉州开元寺大雄宝殿的飞仙雀替相映成趣，该飞仙雕刻装饰为广东省内建筑仅见之例。

图5-5 六祖堂/后页
始建于宋大中祥符年间（1008—1016年），现存六祖堂为清代重建物。光孝寺为纪念六祖出家之姻缘，建六祖堂，并塑六祖像于殿内供海内外人士瞻仰。

龙盘将军 蚵蚌门扉

筑境 中国精致建筑100

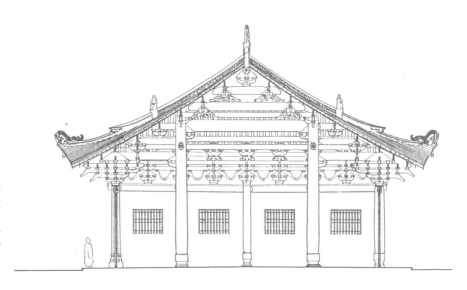

图5-6 六祖堂梁架

六祖堂木构架的大梁为月梁形式,从下向上仰视时,但见其造型丰盈浑圆,横空出世,令行内人士过足眼瘾。而其上的驼峰又雕刻飞仙造型,疑与南汉铁塔上飞仙装饰有渊源关系,又与福建泉州开元寺大雄宝殿的飞仙雀替相映成趣,该飞仙雕刻装饰为广东省内建筑仅见之例。

六、铁塔之最 唐代经幢

寺内东西两院竖立着两座铁塔，东铁塔建于唐末五代时南汉大宝十年（967年），以南汉主刘铱名义建造。塔四角七级，铁塔身高6.35米，连同基座通高6.79米，塔全身铸有900个佛龛，龛内有小佛像，工艺精致。原塔贴金，称为"漆金千佛塔"，惜后来贴金剥落。铁塔下有仰莲须弥塔座，座四周铸有"行龙火珠"和"升龙降龙火焰三宝珠"图案，造型生动。塔身还有行书铭文8行，唐碑风格。该塔是国内目前已知的最古最大而且保存完整的铁塔。

西铁塔建于南汉大宝六年（963年），是刘铱的太监龚澄枢和他的女弟子邓氏三十三娘具名铸造的。形式与东铁塔大致相同，基座

图6-1 东铁塔
东铁塔建于唐末五代时南汉大宝十年（966年），以南汉主刘铱名义建造。塔四角七级，铁塔身高6.35米，连同基座通高6.79米，塔全身铸有900个佛龛，龛内有小佛像，工艺精致。原塔贴金，称为"漆金千佛塔"，惜后来贴金剥落。

图6-2 西铁塔/对面页
西铁塔建于南汉大宝六年（963年），是刘铱的太监龚澄枢和他的女弟子邓氏三十三娘具名铸造的。形式与东铁塔大致相同，塔檐下则铸有飞天，与敦煌石窟壁画飞天艺术风格相似。惜清末房屋倒塌时压崩四层，现仅存三层。

图6-3 西铁塔细部
塔基座四角有力士承托，每层塔立面中间为塔门大佛龛，四周塔壁则布满小佛龛，主次分明，布局得宜。

四角有力士承托，每层塔的立面中间为塔门大佛龛，四周塔壁则布满小佛龛，主次分明，布局得宜。塔四角为束竹节柱，塔檐下则铸有飞天，与敦煌石窟壁画飞天艺术风格相似。檐口翼角下铸有角梁，上铸有蛟龙吞脊饰，浇铸工艺甚为精湛。惜清末房屋倒塌时压崩四层，现仅存三层。两塔均逐层收分，比例得体，方形的平面，保持着唐塔的风格。

六祖堂前有棵菩提树，慧能论风幡后在此树下重新削发，并将发埋于树下，后人为纪念此事建有瘗发塔。瘗发塔在菩提树西侧，塔平面八角，为七级仿楼阁式，高7.8米。塔下有红色砂岩覆莲须弥座，塔身由石基灰砂砖砌筑，各面均设佛龛，内置佛像。粉墙上隐起红色撺柱阑额，柱头置方形大斗，斗斂有颤，下施皿板，斗栱高约为柱高的二分之一，素身瓦面，弧线优美，颇具唐风。

图6-4 西铁塔所铸铭文

铁塔之最　唐代经幢

筑境　中国精致建筑100

图6-5 瘗发塔及菩提树

瘗发塔在菩提树西侧，塔平面八角，为七级仿楼阁式，高7.8米。塔下有红色砂岩覆莲须弥座，塔身由石基灰砂砖砌筑，各面均设佛龛，内置佛像。粉墙上隐起红色搛柱阑额，柱头置方形大斗，斗斛有颤，下施皿板，斗栱高约为柱高的二分之一，素身瓦面，弧线优美，颇具唐风。光孝的菩提树出名，和宗教活动有关，即禅宗六祖慧能在此菩提树下削发，开东山法门。菩提树叶浸水后，叶质腐烂，只剩细脉如纱，叶端滴水尖保存独善，其可作为灯纱、书字画的工艺品，而他寺菩提却皆产不成。原菩提树于1798年台风吹倒枯死，今六祖殿前菩提树是由韶关南华寺取回孙枝再植。

图6-6 唐代大悲幢

大殿前庭西南角，立有唐宝历二年（826年）建八角石质经幢一座。幢高2.19米，下有方形基座，四正四维刻有力士。幢顶施六角宝盖，并出一跳华栱承托，形式独特。幢身八面八角，上刻两咒，有《千手千眼观世音菩萨广大圆满无碍大悲心陀罗尼神妙章句》，简称《大悲咒》，故该经幢俗称大悲幢。

铁塔之最 唐代经幢

筑境 中国精致建筑100

　　大殿前庭西南角，立有唐宝历二年（827年）建八角石质经幢一座。幢高2.19米，下有方形基座，四正四维刻有力士。幢顶施六角宝盖，并出一跳华栱承托，形式独特。幢身八面八角，上刻两咒，有《千手千眼观世音菩萨广大圆满无碍大悲心陀罗尼神妙章句》，简称《大悲咒》，故该经幢俗称大悲幢。幢上有铭文纪录建幢年代和立幢者："宝历二年岁次丙午十二月一日，法性寺住持大德兼蒲涧寺大德僧钦造书。同经略副使将口郎前守辰州都督博口庐江郡何宥则，敬为亡兄节度随军文林郎康州司马宥卿造此大悲陀罗尼幢"。"钦造"为福建人，是法性寺（今光孝寺）住持。幢上铭文因年久风化，多处脱落不清，但道光年间修纂的《南海县志·金石略一》辑录有经幢刻字。该幢为寺内珍贵文物。

七、禅门嫡柱　笔授之誉

禅宗与中国佛教发展关系密切，这是众人皆知的事，但光孝寺与禅宗的关系和在中国佛教史的重要地位则较少人注意。清乾隆三十四年（1769年），广州知府事仁和顾光在《光孝寺志》中明确指出："光孝寺自昙摩耶舍、求那跋陀罗二尊者创立道场，嗣后初祖六祖先后显迹于此，一时宝坊净域，为震旦称首，数百年来宗风远布，暨于南朔，而一花五叶，实准此方，为泯源之始导，然则此寺之所系，不啻儒门阙里，非十方常住饭钟粥鼓之地也。"顾光之所以这样评价光孝寺是有充分理由的，光孝寺确非一般寺庙可比拟。今将历史事件简单罗列如下，读者自明。

梁武帝普通七年（526年），印僧菩提达摩自海路来华，先驻足于光孝，诲人以禅学，后来北上少林弘法，被尊为东土禅宗初祖。虽名显于北方，但其禅教早已植根于光孝。光孝寺的洗钵泉传为达摩洗钵遗址。

唐高宗仪凤元年（676年），已得五祖暗传衣钵之慧能大师在此因辩风幡奥意而被识于世，住持印宗大师喜为剃发受戒，正式成为禅宗六祖，即于寺内菩提树下首演东山法门，别开顿悟之说，南派禅宗自成一系，与北方渐悟禅教互放异彩。

唐朝百丈怀海禅师创立禅林清规乃历来之说，但详考史实，则梁朝时已有光孝寺之法云法师奉敕制定禅林规约，惜未广为推行，为人所略。

先是初祖始传法音之地，继为六祖法缘深系之处（僧人视削法受戒之寺院及法师为法缘所在），又因六祖阐扬之南派禅宗盛行，北方一系亦渐归其门，以后一花分为五叶：云门、法眼、曹洞、临济、沩仰。禅宗遂无复南北之分，故凡禅门弟子，皆以光孝寺为祖庭。正如天王殿旧日楹联所书："禅教遍寰中，兹为最初福地；祇园开岭表，此是第一名山。"

佛教以戒律为重，无论任何宗派之佛教徒，出家或在家，均须严持净戒，故中国最先有律寺，禅寺之丛林清规即脱胎于佛教戒律的演变。光孝寺是中国南方最早设有戒坛的寺院，梁代法云法师奉敕制丛林规约时亦是以律教融合禅宗而创立。自东晋至唐，有昙摩耶舍等多名著名法师来寺传授戒法和弘扬律学。所以说光孝寺又为南方传戒之主要道场。

同时，光孝寺是中国南方重要的译经场所。佛经的翻译是中国翻译文学和中印文化交流的重要体现。自东晋时代起，光孝寺已开始经营这一伟大事业，成为岭南的重要译场，至陈、隋两代更具规模，中国著名四大翻译家之一的真谛三藏法师，在此展开他的毕生宏愿，翻译并弘扬摄大乘论、俱舍论、涅槃经论及大乘唯识论等，为唐朝之佛教发展奠下了根基。当时，光孝寺以慧恺为主，形成了有僧宗、法忍、法泰、法准等学僧参与的民间译场。宋朝知军州蒋之奇在寺内建有译经台和笔授轩，以颂译经大德。

禅门嫡柱 笔授之誉

筑境 中国精致建筑100

图7-1 洗钵泉/前页
又称达摩井，传说菩提达摩驻锡光孝寺弘法时，为取清泉，在此开凿水井一口，用以洗钵。

光孝寺重要译经简述如下：

东晋隆安间（397—401年），罽宾国人昙摩耶舍（Dharmayasas），译差摩经一卷，武当沙门慧严笔授。

刘宋武帝永初元年（420年），中天竺人求那跋陀罗（Gunabhadra），译伽毗利律及五百弟子自说本起经。

西印度优禅尼国（Ujjayani）人波罗末陀（Paramartha），即真谛三藏，梁大同中（535—546年）受命抵梁，548年进入京邑，梁武帝请其译经。侯景叛乱后，辗转浙江、江西、福建、广东等地。562年抵广州光孝寺，译僧涩多律、摄大乘论、俱舍论、大涅槃经论、大乘唯识论、佛性论和其他经论50余部，沙门慧恺笔授。真谛来华23年，共译出经论记传64部，278卷，其主要经典的翻译是在广州光孝寺完成的。

唐中宗神龙元年（705年），中印度人般刺密帝（Paramatra），译大佛顶如来密因修正了义菩萨万行首楞严经一部十卷，相国房融笔授。当时唐代宰相房融贬谪广州，在寺内潜

图7-2 洗砚池/对面页
唐代宰相房融贬谪广州，在寺内潜心翻译《楞严经》，成为历代佳话。宋名士苏东坡有文赞曰"大乘诸经，至楞严而委曲精尽，胜妙独出，以房融笔授故也。融当时所用大砚至六代犹存。"寺内文物古迹"洗砚池"便是其贬居译经之遗迹。

心翻译《楞严经》，成为历代佳话。宋名士苏东坡有文赞曰"大乘诸经，至楞严而委曲精尽，胜妙独出，以房融笔授故也。融当时所用大砚至六代犹存。"寺内文物古迹"洗砚池"便是其贬居译经之遗迹。

历史上光孝寺收藏有大量宝贵佛教经典。陈隋间，真谛三藏携来以多罗树叶所书梵本佛经二百余夹珍藏寺内。宋真宗曾颁赐大藏经5048卷，并建轮藏阁供放。明英宗又颁赐大藏经一部，合十大柜，奉安于大殿。明世宗时，寺僧通轼曾赴京购补大藏经。据《光孝寺志·卷四》记载，光孝寺历朝共珍存之经律论三藏共1440部，5586卷。其中经占1188部，律有97部，论有155部。在民国时期一部分经典移藏广东图书馆（旧中山图书馆）保存，但大部流失，殊为可惜。

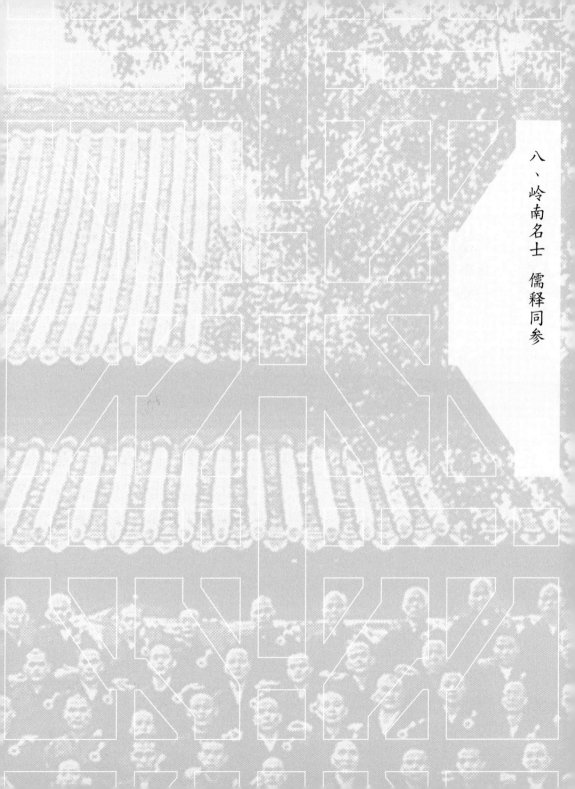

八、岭南名士　儒释同参

光孝寺不仅为佛教圣地，其在伦常德学、艺苑文章之贡献也不可忽视。纵观我国文化发展史，魏晋以来，佛教之慈悲与儒家仁学相契合，禅学又共孔门理学互通，仕子每多儒释同参，使我国固有之传统文化更加丰富，乃至诗文书画、建筑雕塑等艺术大放异彩。

经过魏晋时代的佛教发展，至唐代柳宗元认为，佛教所讲的"佛性"，就是儒家所说的"性本善"，佛教所说的能够创造世界的"心"，就是儒家所说的"元气"，这种比附虽然粗糙，但却是向道学的过渡。认为禅宗所讲的，开始是性善，最后还是性善，不用修行，因为人的性本来就是"静"的。柳宗元认为，自从有生物以来，他们互相残杀，失去了他们的本性，这样悖乱下去，不能回到他们的本性。后来人们依靠孔子的教训来维持世界。但经过杨朱、墨翟、黄老这些派别的扰乱，孔子的道理也分裂了。以后来了佛教，这才能够把离开本性的事情推回到它的本源。《礼记》中的《乐记》说："人生而静，天之性也。"佛教的学说，是合乎这个道理的。

图8-1 寺内碑碣/对面页
光孝寺内藏有多方历代碑碣，是研究佛教和光孝寺历史的宝贵遗物。

六祖大鑒禪師殿記

廣州光孝寺大鑒禪師殿記

大鑒禪師顯跡於唐至我宋益昌今光孝寺菩提樹是師落髮

處風幡堂是師說法處遂如在故釋子因為祖師殿以妥厥靈重新

歲久靈遂既成而請記于余曰謂禪師以四句偈傳衣正祖心無

不著法道即通流心若著法乃成自縛晨香夕燈之奉為著法乎

樹起造明鏡非臺今流心者未有以著法乃成誤為得無惹塵埃手師又謂心

之見而不存乎請者未有以對余語之曰道無古今佛遠人生如花葉飲

為存而不著法不沒乎首唐遠近誤而不存乎庭前之木翰接根存堂中依

之遊而不著水性一悟群瞻列師踞何哉而恭敬禺大都會也禪師大道場

撓逝水何可撓也師列師踞平教行而類應出遠遊而終返于華嚴閣之吾樞直學士通

僧親珠自覺自悟師堂大則教行而類應出遠遊而崇之吾樞直學士通

水知源自覺自悟師堂大則教行而類應家焉以崇之吾樞直學士通

地大則眾雜而道大則炎氣毒然則僧家焉以崇之廣州軍州事

是豈無說邪以釋照略法解炎氣毒然則僧家焉以崇華文閣直學士通判廣州軍州事

為大夫廣南東路經略安撫五年十一月初七日華文閣直學士通判廣州軍州事兼知廣州軍州事兼管內勸農

奉大夫廣南東路經略安撫使馬步軍都總管兼知廣州軍州事兼管內勸農

為許記之皆善緣也咸淳五年十一月初七日華文閣直學士通判廣州軍州事

無管內勸農使陳宗禮記朝散大夫提舉廣南東路常平義倉事

公事兼引坐寨兵軍正王應麟書蓋宣教郎知廣州南海縣主管勸農

臨公軍事權運判冷應澂題

林安陳宗禮

岭南名士　儒释同参

广州光孝寺

◎筑境　中国精致建筑100

图8-2 新成和尚

俗姓林，广东揭西县人，1940年出家，1996
年荣任光孝寺方丈。现任中国佛教协会常务理
事，广东省、广州市佛教协会副会长，广东省
佛教慈善基金会会长。新成和尚爱国爱教，悲
愿宏深。

刘禹锡在《天论》中认为：儒教和佛教之间有所不同，但是可以起同样的作用，互相为用。儒教讲的是"中道"，其作用，就个人说，可以节制情欲，就社会说，可以缓和阶级矛盾。但是，儒教不着重讲人生的根本问题，就社会论社会，所以当社会秩序混乱的时候，它就不行了。佛教着重讲生死轮回，因果报应，所以社会越混乱，人就越向佛教中逃避现实，寻求安慰，就越信佛教。

在宋代，中国哲学史上出现了新儒学派别，其学又称"道学"，后演化为理学和明清的心学。新儒家以古代儒家思想为本，而融合老庄思想、佛教思想及道教思想，建成了新的哲学系统。这一派别的产生是和禅宗的发展有着十分密切的关系。宋代的哲学家程颐、程颢、朱熹就是新儒学的奠基人，认为宇宙万物本属一体，而人生之最高境界也即在自觉地与万物为一体。朱熹在《中庸章句》解释中庸这个词时，借用程子的话最早引用了禅宗的"心法"、"密"等概念，道学的目的是"穷理尽性"，其方法是"格物致知"。举例来说，一类事物的规定性就是这类事物的理，在这类具体事物中的表现，就是他们的性。因为道学讲理和性，在"穷理尽性"方面就和禅学的"本性"说联系了起来。

至明代王守仁又兴起了心学，从认识论上讲心物不二，证明离心无物，一切皆在心中，无心则无世界。这和禅学的心性说多有相似。王氏卒后，其门分为左右两派，以王畿、王良为首的左派多好禅学，有些流为狂禅。所以自禅宗兴起之后，中国许多儒家名士儒释共融，发展了自己的哲学思想。

从光孝寺之起源和发展及衰落情况来看，其最特殊的也就是因禅宗的出现。光孝寺的重要性不仅在于反映了陶瓷之海洋交通（海上丝绸之路）之开发逐渐取代中国西域丝绸之路，而且还在于中国发生这种中国禅宗与中国固有之孔子儒家混合成为一种禅学与儒学之交融，发展为唐宋元明清以来之新理学的情况。又因中国儒家素来擅长诗文书画、艺术和建筑技术，又把中国儒家传统诗文书画、建筑技术与中国域外僧尼的禅宗技艺交融在一起，就形成了一种儒学（理学），禅学（佛学）与书画技艺学交融在一起的新局面。所以在《光孝寺志·序》中，佛山庞景忠说："寺址原延袤广长，日渐蹙促，僧居十之四五，而士子读书处且十之六七，从此可知佛教禅宗与孔门理学互相促进。"

在岭南有许多文人名士儒释同参，达到了一种新的思想境界和学术进步。

白玉蟾，名长庚，字如晦，号琼山道人、武夷散人等，闽人。7岁能背诵九经，10岁能吟诗，善草书篆隶梅竹。嘉定间征召至阙旨命

图8-3 光孝寺举行隆重的传授戒法大会

馆太乙宫，封紫清真人，著有《海琼集》六卷。《琼海府志》称："白玉蟾博洽儒书，究晰禅理，善书法，尤精于画，常往来罗浮、武夷、天白清山，或蓬头跣足，或青巾野服，人莫识也。"

陈献章，字公甫，号石斋，新会人。因徙居白沙，学者称白沙先生。曾名震京师，屡荐不起，筑春阳台、嘉会楼，四方来学者日进。其学注重自然与自得，以虚静为主，教学者端坐澄心，于静中养出端倪，洒然独得，禅学的气味很浓。论者谓有鸢飞鱼跃之乐而兰溪姜麟，至以为活孟子云……生平积诗文万余首，文以理为主，而辅之以气，不拘于尺绳，为诗妙入神品，作书如其涛……凡近其画法得之于心，随笔点画，自成一家。著言行录诗文集。

薛始亨，字刚生，号剑公，顺德人，府学生。少从陈邦彦学受《周易》、《毛诗》，工诗古文辞……自岐黄龟策日者堪舆家言，皆洞达其旨要，尤精于历代典章经制，晚善老庄，更潜心内典，当偈罗浮华首宗宝和尚为受记，又从鼎湖在修和尚受戒，当遇异人授以剑法……兼通琴剑、曲艺。平居服博袖深衣冠网巾，囊一琴，佩一剑，惬意遂饮酒半酣拔剑起舞，舞罢又歌，空山无人，自喻而已。乘醉间作竹石有奇气，然不肯为人作……著有南枝堂诗稿一卷，删缕馆文一卷。

除以上几例外，岭南还有许多名士如湛若水、林良、汤英上、陈子开、陈恭尹、屈大均、石孝廉、黎简、谢兰生等均习禅融儒，从禅学中汲取了许多营养，形成自己独特的思想和文学艺术风格。

综上所述，光孝禅寺上继三国贤臣学韵，下启南朝禅律宗风，挟千年之心印法嗣，傲倨岭南古刹之首，其殊胜因缘，名胜古迹，早为教内外人士所咏赞；而又作为广州历史文化名城之史证，中印文化交流之始俑，建筑塔幢艺术之瑰宝，其妙相庄严，文物荟萃，无不为中外人士所瞻仰。

大事年表

朝代	年号	公元纪年	大事记
三国	吴大帝年间	222—252年	寺址原来是南越王赵建德故居，三国时吴国骑都尉虞翻在此讲学，名为虞苑，又称诃林。虞翻殁后，家人舍宅为寺，名制止寺
东晋	隆安元年	397年	罽宾国昙摩耶舍三藏法师来游，就此建立大殿五间，易名为王苑朝延寺，又名王园寺，别名白沙寺
	刘宋永初元年	420年	梵僧求那跋陀罗三藏到此创戒坛，立制止道场
	梁武帝天监元年	502年	梵僧智药三藏携来菩提树植于戒坛前
	梁武帝普通七年	526年	梵僧菩提达摩至此，后被梁武帝迎至金陵
	陈朝永定元年	557年	梵僧波罗末陀三藏，即真谛法师来游，于本寺译经
唐	太宗贞观十九年	645年	重修寺庙后改名乾明法性寺
	高宗仪凤元年	676年	六祖慧能大师于菩提树下剃发受戒，开演东山法门
	武则天天授元年	690年	依伪撰《大云经》下令诸州各置大云寺，本寺亦改大云寺
	中宗神龙元年	705年	武后崩，寺复称法性寺。梵僧般刺密帝居光孝寺译楞严经，相国房融笔授
	武宗会昌五年	845年	废佛，改寺为西云道宫
	宣宗大中十三年	859年	重复法性寺名，号小释迦之沩仰宗慧寂禅师受请来寺说法
宋	太祖建隆三年	962年	改寺名乾明禅院
	真宗大中祥符间	1008—1016年	颁赐大藏经
	仁宗景祐四年	1037年	诏併寺为祖堂，后复乾明禅院额，祖堂仍旧
	徽宗崇宁二年	1103年	改名崇宁万寿寺

朝代	年号	公元纪年	大事记
宋	徽宗宣和元年	1119年	毁佛信道，易寺为道观，改佛为大觉金仙，僧为德士
	高宗绍兴七年	1137年	下诏改称报恩广孝禅寺
	高宗绍兴二十一年	1151年	改为光孝禅寺，寺之苛林改名柯林
元	世祖至元十三年	1276年	元世祖临寺瞻礼，遣卒守之
	世祖至元十六年	1279年	诏设僧录司，僧尼皆改服色，并免粮税
	世祖至元十九年	1282年	诏禁道经，唯留老子道德经
	世祖至元三十年	1293年	修饰寺宇
明	洪武十五年	1382年	设僧纲司
	洪武二十四年	1391年	广州大毁寺观，此寺幸存
	成化十八年	1482年	赐光孝寺匾额
	万历二十六年	1598年	憨山德清大师住持，提倡禅净双修，并重修殿宇
	崇祯十五年	1642年	天然和尚住持，发起重修，复兴古迹，重建风幡堂并亲题匾额
清	顺治十一年	1654年	重修大雄宝殿
	康熙三十一年	1692年	住持僧无际募缘重修大殿
	雍正七年	1729年	重装大殿
	光绪三十年	1904年	两广总督岑春煊搞庙产兴学，向各寺征办学经费，光孝寺在被征之列
中华民国		1921年	广州市地方政府占用为警官学校、法政学院，许多文物被破坏
		1938年	广州沦陷，很多殿堂被拆毁，伪政府占为和平救国总司令部
		1945年	抗战胜利，国民党政府广州市教育厅接管，办美专学校，大殿被辟为宿舍

朝代	年号	公元纪年	大事记
中华人民共和国		1950年	人民政府文化局在寺内办华南人民文学艺术学院，后改为华南歌舞团的舞蹈学校，全寺均被占用。当家师仲来法师与三为寺众仍住睡佛楼下
		1956年	有信士复修大殿、天王殿和东铁塔
		1961年	光孝寺被国务院公布为第一批国家级文物保护单位
		1979年	人民政府拨款重修大殿、祖堂等，并重挂中国佛教协会赵朴初会长20年前题写的"光孝禅寺"匾额
		1986年	国务院批准光孝寺交佛教团体管理，作为宗教活动场所开放。广东省佛协常务理事会决定请本焕老法师任光孝寺住持

图书在版编目（CIP）数据

广州光孝寺 / 程建军撰文 / 摄影. —北京：中国建筑工业出版社，2014.6
（中国精致建筑100）
ISBN 978-7-112-16649-7

Ⅰ.①广… Ⅱ.①程… Ⅲ.①佛教–寺庙–建筑艺术–广州市–图集 Ⅳ.① TU–098.3

中国版本图书馆CIP数据核字（2014）第061473号

©中国建筑工业出版社

责任编辑：董苏华 张惠珍 孙立波
技术编辑：李建云 赵子宽
图片编辑：张振光
美术编辑：赵 清 康 羽
书籍设计：瀚清堂·赵 清 周伟伟 康 羽
责任校对：张慧丽 陈晶晶 关 健
图文统筹：廖晓明 孙 梅 骆毓华
责任印制：郭希增 臧红心
材料统筹：方承艺

中国精致建筑100

广州光孝寺

程建军 撰文/摄影

中国建筑工业出版社出版、发行（北京西郊百万庄）

各地新华书店、建筑书店经销

南京瀚清堂设计有限公司制版

北京顺诚彩色印刷有限公司印刷

开本：889×710毫米 1/32 印张：$2^3/_4$ 插页：1 字数：120千字
2016年5月第一版 2016年5月第一次印刷
定价：**48.00元**
ISBN 978-7-112-16649-7
（24373）